2017

效率手册

小萌虎◎编

图片选自[德]奥·卜劳恩《父与子》

北方文艺出版社

2017效率手册
2017 XIAOLÜ SHOUCE

作 者 / 小萌虎

责任编辑 / 王金秋　赵　芳

出版发行 / 北方文艺出版社　　　网 址 / www.bfwy.com
邮 编 / 150080　　　　　　　　经 销 / 新华书店
地 址 / 黑龙江现代文化艺术产业园 D 栋 526 室

印 刷 / 北京高岭印刷有限公司　　开 本 / 787×1092　1/32
字 数 / 10 千　　　　　　　　　印 张 / 7.75
版 次 / 2016 年 12 月第 1 版　　　印 次 / 2016 年 12 月第 1 次印刷

书 号 / ISBN 978-7-5317-3721-6　定 价 / 29.80 元

农历丁酉年[鸡年]
2017

January
日	一	二	三	四	五	六
1 元旦	**2** 初五	**3** 初六	**4** 初七	**5** 腊八节	**6** 初九	**7** 初十
8 十一	9 十二	10 十三	11 十四	12 十五	13 十六	**14** 十七
15 十八	16 十九	17 二十	18 廿一	19 廿二	20 廿三	**21** 廿四
22 廿五	23 廿六	24 廿七	25 廿八	26 廿九	27 除夕	**28** 春节
29 初二	30 初三	31 初四				

February
日	一	二	三	四	五	六
			1 初五	**2** 湿地日	**3** 初七	**4** 立春
5 初九	6 初十	7 十一	8 十二	9 十三	10 十四	**11** 元宵节
12 十六	13 十七	14 情人节	15 十九	16 二十	17 廿一	**18** 雨水
19 廿三	20 廿四	21 廿五	22 廿六	23 廿七	24 廿八	**25** 廿九
26 初一	27 龙头节	28 初三				

March
日	一	二	三	四	五	六
			1 初四	**2** 初五	**3** 初六	**4** 初七
5 惊蛰	6 初九	7 初十	8 妇女节	9 十二	10 十三	**11** 十四
12 植树节	13 十六	14 十七	15 十八	16 十九	17 二十	**18** 廿一
19 廿二	20 春分	21 廿四	22 廿五	23 廿六	24 廿七	**25** 廿八
26 廿九	27 三十	28 初一	29 初二	30 初三	31 初四	

April
日	一	二	三	四	五	六
						1 愚人节
2 初六	3 初七	4 清明	5 初九	6 初十	7 十一	**8** 十二
9 十三	10 十四	11 十五	12 十六	13 十七	14 十八	**15** 十九
16 二十	17 廿一	18 廿二	19 谷雨	20 廿四	21 廿五	**22** 廿六
23 廿七	24 廿八	25 廿九	26 初一	27 初二	28 初三	**29** 初四
30 初五						

May
日	一	二	三	四	五	六
	1 劳动节	**2** 初七	**3** 初八	**4** 青年节	**5** 立夏	**6** 十一
7 十二	8 十三	9 十四	10 十五	11 十六	12 十七	**13** 十八
14 母亲节	15 二十	16 廿一	17 廿二	18 廿三	19 廿四	**20** 廿五
21 小满	22 廿七	23 廿八	24 廿九	25 三十	26 初一	**27** 初二
28 初三	29 初四	30 端午节	31 初六			

June
日	一	二	三	四	五	六
				1 儿童节	**2** 初八	**3** 初九
4 初十	5 芒种	6 十二	7 十三	8 十四	9 十五	**10** 十六
11 十七	12 十八	13 十九	14 二十	15 廿一	16 廿二	**17** 廿三
18 父亲节	19 廿五	20 廿六	21 夏至	22 廿八	23 廿九	**24** 初一
25 初二	26 初三	27 初四	28 初五	29 初六	30 初七	

July
日	一	二	三	四	五	六
						1 初八
2 初九	3 初十	4 十一	5 十二	6 十三	7 小暑	**8** 十五
9 十六	10 十七	11 十八	12 十九	13 二十	14 廿一	**15** 廿二
16 廿三	17 廿四	18 廿五	19 廿六	20 廿七	21 廿八	**22** 大暑
23 闰六月大初一	24 初二	25 初三	26 初四	27 初五	28 初六	**29** 初七
30 初八	31 初九					

August
日	一	二	三	四	五	六
		1 建军节	**2** 十一	**3** 十二	**4** 十三	**5** 十四
6 十五	7 立秋	8 十七	9 十八	10 十九	11 二十	**12** 廿一
13 廿二	14 廿三	15 廿四	16 廿五	17 廿六	18 廿七	**19** 廿八
20 廿九	21 三十	22 初一	23 处暑	24 初三	25 初四	**26** 初五
27 初六	28 七夕节	29 初八	30 初九	31 初十		

September
日	一	二	三	四	五	六
					1 十一	**2** 十二
3 十三	4 十四	5 十五	6 十六	7 白露	8 十八	**9** 十九
10 教师节	11 廿一	12 廿二	13 廿三	14 廿四	15 廿五	**16** 廿六
17 廿七	18 廿八	19 廿九	20 初一	21 初二	22 初三	**23** 秋分
24 初五	25 初六	26 初七	27 初八	28 初九	29 初十	**30** 十一

October
日	一	二	三	四	五	六
1 国庆节	**2** 十三	**3** 十四	**4** 中秋节	**5** 十六	**6** 十七	**7** 十八
8 寒露	9 二十	10 廿一	11 廿二	12 廿三	13 廿四	**14** 廿五
15 廿六	16 廿七	17 廿八	18 廿九	19 三十	20 初一	**21** 初二
22 初三	23 霜降	24 初五	25 初六	26 初七	27 初八	**28** 重阳节
29 初十	30 十一	31 十二				

November
日	一	二	三	四	五	六
			1 十三	**2** 十四	**3** 十五	**4** 十六
5 十七	6 十八	7 立冬	8 二十	9 廿一	10 廿二	**11** 廿三
12 廿四	13 廿五	14 廿六	15 廿七	16 廿八	17 廿九	**18** 初一
19 初二	20 初三	21 初四	22 小雪	23 初六	24 初七	**25** 初八
26 初九	27 初十	28 十一	29 十二	30 十三		

December
日	一	二	三	四	五	六
					1 十四	**2** 十五
3 十六	4 十七	5 十八	6 十九	7 大雪	8 廿一	**9** 廿二
10 廿三	11 廿四	12 廿五	13 廿六	14 廿七	15 廿八	**16** 廿九
17 三十	18 十一月	19 初二	20 初三	21 初四	22 冬至	**23** 初六
24 初七	25 初八	26 初九	27 初十	28 十一	29 十二	**30** 十三
31 十四						

自我记录

姓 名:

籍 贯:

工作单位:

家庭住址:

自画像:

电 话:

邮 编:

手 机:

QQ / MSN / 微信:

其 他:

2017年工作计划

一月

二月

三月

2017年工作计划

四月

五月

六月

2017年工作计划

七月

八月

九月

2017年工作计划

十月

十一月

十二月

1月工作日志

1 —— 星期日 —— 农历十二月初四

January

日	一	二	三	四	五	六
1 元旦	2 初五	3 初六	4 初七	5 腊八节	6 初九	7 初十
8 十一	9 十二	10 十三	11 十四	12 十五	13 十六	14 十七
15 十八	16 十九	17 二十	18 廿一	19 廿二	20 小年	21 廿四
22 廿五	23 廿六	24 廿七	25 廿八	26 廿九	27 除夕	28 春节
29 初二	30 初三	31 初四	1 初五	2 湿地日	3 立春	4 初八

大事件

1月工作日志

2 ● 星期一 ● 农历十二月初五

3 ● 星期二 ● 农历十二月初六

4 ● 星期三 ● 农历十二月初七

January

日	一	二	三	四	五	六
1 元旦	**2** 初五	**3** 初六	**4** 初七	**5** 腊八节	**6** 初九	**7** 初十
8 十一	**9** 十二	**10** 十三	**11** 十四	**12** 十五	**13** 十六	**14** 十七
15 十八	**16** 十九	**17** 二十	**18** 廿一	**19** 廿二	**20** 小年	**21** 廿四
22 廿五	**23** 廿六	**24** 廿七	**25** 廿八	**26** 廿九	**27** 除夕	**28** 春节
29 初二	**30** 初三	**31** 初四	1 初五	2 湿地日	3 立春	4 初八

大事件

1月工作日志

| 5 | 星期四 | 农历十二月初八 |

| 6 | 星期五 | 农历十二月初九 |

| 7 | 星期六 | 农历十二月初十 |

| 8 | 星期日 | 农历十二月十一 |

January

日	一	二	三	四	五	六
1 元旦	2 初五	3 初六	4 初七	5 腊八节	6 初九	7 初十
8 十一	9 十二	10 十三	11 十四	12 十五	13 十六	14 十七
15 十八	16 十九	17 二十	18 廿一	19 廿二	20 小年	21 廿四
22 廿五	23 廿六	24 廿七	25 廿八	26 廿九	27 除夕	28 春节
29 初二	30 初三	31 初四	1 初五	2 湿地日	3 立春	4 初八

大事件

1月工作日志

---

9 ● 星期一 ● 农历十二月十二

---

10 ● 星期二 ● 农历十二月十三

---

11 ● 星期三 ● 农历十二月十四

January

日	一	二	三	四	五	六
1 元旦	**2** 初五	**3** 初六	**4** 初七	**5** 腊八节	**6** 初九	**7** 初十
8 十一	**9** 十二	**10** 十三	**11** 十四	**12** 十五	**13** 十六	**14** 十七
15 十八	**16** 十九	**17** 二十	**18** 廿一	**19** 廿二	**20** 小年	**21** 廿四
22 廿五	**23** 廿六	**24** 廿七	**25** 廿八	**26** 廿九	**27** 除夕	**28** 春节
29 初二	**30** 初三	**31** 初四	**1** 初五	**2** 湿地日	**3** 立春	**4** 初八

大事件

1月工作日志

12 — 星期四 — 农历十二月十五

13 — 星期五 — 农历十二月十六

14 — 星期六 — 农历十二月十七

15 — 星期日 — 农历十二月十八

January

日	一	二	三	四	五	六
1 元旦	2 初五	3 初六	4 初七	5 腊八节	6 初九	7 初十
8 十一	9 十二	10 十三	11 十四	12 十五	13 十六	14 十七
15 十八	16 十九	17 二十	18 廿一	19 廿二	20 小年	21 廿四
22 廿五	23 廿六	24 廿七	25 廿八	26 廿九	27 除夕	28 春节
29 初二	30 初三	31 初四	1 初五	2 漫地日	3 立春	4 初八

大事件

1月工作日志

16 ●━━● 星期一 ●━━● 农历十二月十九

17 ●━━● 星期二 ●━━● 农历十二月二十

18 ●━━● 星期三 ●━━● 农历十二月廿一

January

日	一	二	三	四	五	六
1 元旦	2 初五	3 初六	4 初七	5 腊八节	6 初九	7 初十
8 十一	9 十二	10 十三	11 十四	12 十五	13 十六	14 十七
15 十八	16 十九	17 二十	18 廿一	19 廿二	20 小年	21 廿四
22 廿五	23 廿六	24 廿七	25 廿八	26 廿九	27 除夕	28 春节
29 初二	30 初三	31 初四	1 初五	2 湿地日	3 立春	4 初八

大事件

1月工作日志

19 — 星期四 — 农历十二月廿二

20 — 星期五 — 农历十二月廿三

21 — 星期六 — 农历十二月廿四

22 — 星期日 — 农历十二月廿五

January

日	一	二	三	四	五	六
1 元旦	**2** 初五	**3** 初六	**4** 初七	**5** 腊八节	**6** 初九	**7** 初十
8 十一	**9** 十二	**10** 十三	**11** 十四	**12** 十五	**13** 十六	**14** 十七
15 十八	**16** 十九	**17** 二十	**18** 廿一	**19** 廿二	**20** 小年	**21** 廿四
22 廿五	**23** 廿六	**24** 廿七	**25** 廿八	**26** 廿九	**27** 除夕	**28** 春节
29 初二	**30** 初三	**31** 初四	**1** 初五	**2** 湿地日	**3** 立春	**4** 初八

大事件

1月工作日志

23 — 星期一 — 农历十二月廿六

24 — 星期二 — 农历十二月廿七

25 — 星期三 — 农历十二月廿八

January

日	一	二	三	四	五	六
1 元旦	**2** 初五	**3** 初六	**4** 初七	**5** 腊八节	**6** 初九	**7** 初十
8 十一	**9** 十二	**10** 十三	**11** 十四	**12** 十五	**13** 十六	**14** 十七
15 十八	**16** 十九	**17** 二十	**18** 廿一	**19** 廿二	**20** 小年	**21** 廿四
22 廿五	**23** 廿六	**24** 廿七	**25** 廿八	**26** 廿九	**27** 除夕	**28** 春节
29 初二	**30** 初三	**31** 初四	1 初五	2 湿地日	3 立春	4 初八

大事件

1月工作日志

| 26 | 星期四 | 农历十二月廿九 |

| 27 | 星期五 | 农历十二月三十 |

| 28 | 星期六 | 农历正月初一 |

| 29 | 星期日 | 农历正月初二 |

January

日	一	二	三	四	五	六
1 元旦	2 初五	3 初六	4 初七	5 腊八节	6 初九	7 初十
8 十一	9 十二	10 十三	11 十四	12 十五	13 十六	14 十七
15 十八	16 十九	17 二十	18 廿一	19 廿二	20 小年	21 廿四
22 廿五	23 廿六	24 廿七	25 廿八	26 廿九	27 除夕	28 春节
29 初二	30 初三	31 初四	1 初五	2 湿地日	3 立春	4 初八

大事件

1月工作日志

30 ● 星期一 ● 农历正月初三

31 ● 星期二 ● 农历正月初四

January

日	一	二	三	四	五	六
1 元旦	**2** 初五	**3** 初六	**4** 初七	**5** 腊八节	**6** 初九	**7** 初十
8 十一	**9** 十二	**10** 十三	**11** 十四	**12** 十五	**13** 十六	**14** 十七
15 十八	**16** 十九	**17** 二十	**18** 廿一	**19** 廿二	**20** 小年	**21** 廿四
22 廿五	**23** 廿六	**24** 廿七	**25** 廿八	**26** 廿九	**27** 除夕	**28** 春节
29 初二	**30** 初三	**31** 初四	1 初五	2 湿地日	3 立春	4 初八

大事件

2月工作日志

1 • 星期三 • 农历正月初五

February

日	一	二	三	四	五	六
29 初二	30 初三	31 初四	1 初五	2 湿地日	3 立春	4 初八
5 初九	6 初十	7 十一	8 十二	9 十三	10 十四	11 元宵节
12 十六	13 十七	14 情人节	15 十九	16 二十	17 廿一	18 雨水
19 廿三	20 廿四	21 廿五	22 廿六	23 廿七	24 廿八	25 廿九
26 初一	27 龙头节	28 初三	1 初四	2 初五	3 初六	4 初七

大事件

2月工作日志

2 — 星期四 — 农历正月初六

3 — 星期五 — 农历正月初七

4 — 星期六 — 农历正月初八

February

日	一	二	三	四	五	六
29 初二	30 初三	31 初四	1 初五	2 湿地日	3 立春	4 初八
5 初九	6 初十	7 十一	8 十二	9 十三	10 十四	11 元宵节
12 十六	13 十七	14 情人节	15 十九	16 二十	17 廿一	18 雨水
19 廿三	20 廿四	21 廿五	22 廿六	23 廿七	24 廿八	25 廿九
26 初一	27 龙头节	28 初三	1 初四	2 初五	3 初六	4 初七

大事件

2月工作日志

| 5 | 星期日 | 农历正月初九 |

| 6 | 星期一 | 农历正月初十 |

| 7 | 星期二 | 农历正月十一 |

| 8 | 星期三 | 农历正月十二 |

February

日	一	二	三	四	五	六
29 初二	30 初三	31 初四	1 初五	2 湿地日	3 立春	4 初八
5 初九	6 初十	7 十一	8 十二	9 十三	10 十四	11 元宵节
12 十六	13 十七	14 情人节	15 十九	16 二十	17 廿一	18 雨水
19 廿三	20 廿四	21 廿五	22 廿六	23 廿七	24 廿八	25 廿九
26 初一	27 龙头节	28 初三	1 初四	2 初五	3 初六	4 初七

大事件

2月工作日志

9 — 星期四 — 农历正月十三

10 — 星期五 — 农历正月十四

11 — 星期六 — 农历正月十五

February

日	一	二	三	四	五	六
29 初二	30 初三	31 初四	1 初五	2 湿地日	3 立春	4 初八
5 初九	6 初十	7 十一	8 十二	9 十三	10 十四	11 元宵节
12 十六	13 十七	14 情人节	15 十九	16 二十	17 廿一	18 雨水
19 廿三	20 廿四	21 廿五	22 廿六	23 廿七	24 廿八	25 廿九
26 初一	27 龙头节	28 初三	1 初四	2 初五	3 初六	4 初七

大事件

2月工作日志

12 ● 星期日 ● 农历正月十六

13 ● 星期一 ● 农历正月十七

14 ● 星期二 ● 农历正月十八

15 ● 星期三 ● 农历正月十九

February

日	一	二	三	四	五	六
29 初二	30 初三	31 初四	1 初五	2 湿地日	3 立春	4 初八
5 初九	6 初十	7 十一	8 十二	9 十三	10 十四	11 元宵节
12 十六	13 十七	14 情人节	15 十九	16 二十	17 廿一	18 雨水
19 廿三	20 廿四	21 廿五	22 廿六	23 廿七	24 廿八	25 廿九
26 初一	27 龙头节	28 初三	1 初四	2 初五	3 初六	4 初七

大事件

2月工作日志

| 16 | 星期四 | 农历正月二十 |

| 17 | 星期五 | 农历正月廿一 |

| 18 | 星期六 | 农历正月廿二 |

February

日	一	二	三	四	五	六
29 初二	30 初三	31 初四	1 初五	2 湿地日	3 立春	4 初八
5 初九	6 初十	7 十一	8 十二	9 十三	10 十四	11 元宵节
12 十六	13 十七	14 情人节	15 十九	16 二十	17 廿一	18 雨水
19 廿三	20 廿四	21 廿五	22 廿六	23 廿七	24 廿八	25 廿九
26 初一	27 龙头节	28 初三	1 初四	2 初五	3 初六	4 初七

大事件

2月工作日志

19 — 星期日 — 农历正月廿三

20 — 星期一 — 农历正月廿四

21 — 星期二 — 农历正月廿五

22 — 星期三 — 农历正月廿六

February

日	一	二	三	四	五	六
29 初二	30 初三	31 初四	1 初五	2 湿地日	3 立春	4 初八
5 初九	6 初十	7 十一	8 十二	9 十三	10 十四	11 元宵节
12 十六	13 十七	14 情人节	15 十九	16 二十	17 廿一	18 雨水
19 廿三	20 廿四	21 廿五	22 廿六	23 廿七	24 廿八	25 廿九
26 初一	27 龙头节	28 初三	1 初四	2 初五	3 初六	4 初七

大事件

2月工作日志

23 — 星期四 — 农历正月廿七

24 — 星期五 — 农历正月廿八

25 — 星期六 — 农历正月廿九

February

日	一	二	三	四	五	六
29 初二	30 初三	31 初四	1 初五	2 湿地日	3 立春	4 初八
5 初九	6 初十	7 十一	8 十二	9 十三	10 十四	11 元宵节
12 十六	13 十七	14 情人节	15 十九	16 二十	17 廿一	18 雨水
19 廿三	20 廿四	21 廿五	22 廿六	23 廿七	24 廿八	25 廿九
26 初一	27 龙头节	28 初三	1 初四	2 初五	3 初六	4 初七

大事件

2月工作日志

26 — 星期日 — 农历二月初一

27 — 星期一 — 农历二月初二

28 — 星期二 — 农历二月初三

February

日	一	二	三	四	五	六
29 初二	30 初三	31 初四	1 初五	2 湿地日	3 立春	4 初八
5 初九	6 初十	7 十一	8 十二	9 十三	10 十四	11 元宵节
12 十六	13 十七	14 情人节	15 十九	16 二十	17 廿一	18 雨水
19 廿三	20 廿四	21 廿五	22 廿六	23 廿七	24 廿八	25 廿九
26 初一	27 龙头节	28 初三	1 初四	2 初五	3 初六	4 初七

大事件

3月工作日志

1 ● 星期三 ● 农历二月初四

March

日	一	二	三	四	五	六
26 初一	27 龙头节	28 初三	1 初四	2 初五	3 初六	4 初七
5 惊蛰	6 初九	7 初十	8 妇女节	9 十二	10 十三	11 十四
12 植树节	13 十六	14 十七	15 十八	16 十九	17 二十	18 廿一
19 廿二	20 春分	21 廿四	22 廿五	23 廿六	24 廿七	25 廿八
26 廿九	27 三十	28 初一	29 初二	30 初三	31 初四	1 愚人节

大事件

3月工作日志

2 —— 星期四 —— 农历二月初五

3 —— 星期五 —— 农历二月初六

4 —— 星期六 —— 农历二月初七

March

日	一	二	三	四	五	六
26 初一	27 龙头节	28 初三	1 初四	2 初五	3 初六	4 初七
5 惊蛰	6 初九	7 初十	8 妇女节	9 十二	10 十三	11 十四
12 植树节	13 十六	14 十七	15 十八	16 十九	17 二十	18 廿一
19 廿二	20 春分	21 廿四	22 廿五	23 廿六	24 廿七	25 廿八
26 廿九	27 三十	28 初一	29 初二	30 初三	31 初四	1 愚人节

大事件

3月工作日志

| 5 | 星期日 | 农历二月初八 |

| 6 | 星期一 | 农历二月初九 |

| 7 | 星期二 | 农历二月初十 |

| 8 | 星期三 | 农历二月十一 |

March

日	一	二	三	四	五	六
26 初一	27 龙头节	28 初三	1 初四	2 初五	3 初六	4 初七
5 惊蛰	6 初九	7 初十	8 妇女节	9 十二	10 十三	11 十四
12 植树节	13 十六	14 十七	15 十八	16 十九	17 二十	18 廿一
19 廿二	20 春分	21 廿四	22 廿五	23 廿六	24 廿七	25 廿八
26 廿九	27 三十	28 初一	29 初二	30 初三	31 初四	1 愚人节

大事件

3月工作日志

9 ●────● 星期四 ●────● 农历二月十二

10 ●────● 星期五 ●────● 农历二月十三

11 ●────● 星期六 ●────● 农历二月十四

March

日	一	二	三	四	五	六
26 初一	27 龙头节	28 初三	1 初四	2 初五	3 初六	4 初七
5 惊蛰	6 初九	7 初十	8 妇女节	9 十二	10 十三	11 十四
12 植树节	13 十六	14 十七	15 十八	16 十九	17 二十	18 廿一
19 廿二	20 春分	21 廿四	22 廿五	23 廿六	24 廿七	25 廿八
26 廿九	27 三十	28 初一	29 初二	30 初三	31 初四	1 愚人节

大事件

3月工作日志

12 — 星期日 — 农历二月十五

13 — 星期一 — 农历二月十六

14 — 星期二 — 农历二月十七

15 — 星期三 — 农历二月十八

March

日	一	二	三	四	五	六
26 初一	27 龙头节	28 初三	1 初四	2 初五	3 初六	4 初七
5 惊蛰	6 初九	7 初十	8 妇女节	9 十二	10 十三	11 十四
12 植树节	13 十六	14 十七	15 十八	16 十九	17 二十	18 廿一
19 廿二	20 春分	21 廿四	22 廿五	23 廿六	24 廿七	25 廿八
26 廿九	27 三十	28 初一	29 初二	30 初三	31 初四	1 愚人节

大事件

3月工作日志

16 —— 星期四 —— 农历二月十九

17 —— 星期五 —— 农历二月二十

18 —— 星期六 —— 农历二月廿一

March

日	一	二	三	四	五	六
26 初一	27 龙头节	28 初三	1 初四	2 初五	3 初六	4 初七
5 惊蛰	6 初九	7 初十	8 妇女节	9 十二	10 十三	11 十四
12 植树节	13 十六	14 十七	15 十八	16 十九	17 二十	18 廿一
19 廿二	20 春分	21 廿四	22 廿五	23 廿六	24 廿七	25 廿八
26 廿九	27 三十	28 初一	29 初二	30 初三	31 初四	1 愚人节

大事件

3月工作日志

19 — 星期日 — 农历二月廿二

20 — 星期一 — 农历二月廿三

21 — 星期二 — 农历二月廿四

22 — 星期三 — 农历二月廿五

March

日	一	二	三	四	五	六
26 初一	27 龙头节	28 初三	1 初四	2 初五	3 初六	4 初七
5 惊蛰	6 初九	7 初十	8 妇女节	9 十二	10 十三	11 十四
12 植树节	13 十六	14 十七	15 十八	16 十九	17 二十	18 廿一
19 廿二	20 春分	21 廿四	22 廿五	23 廿六	24 廿七	25 廿八
26 廿九	27 三十	28 初一	29 初二	30 初三	31 初四	1 愚人节

大事件

3月工作日志

23 ●—— 星期四 ●—— 农历二月廿六

24 ●—— 星期五 ●—— 农历二月廿七

25 ●—— 星期六 ●—— 农历二月廿八

March

日	一	二	三	四	五	六
26 初一	27 龙头节	28 初三	1 初四	2 初五	3 初六	4 初七
5 惊蛰	6 初九	7 初十	8 妇女节	9 十二	10 十三	11 十四
12 植树节	13 十六	14 十七	15 十八	16 十九	17 二十	18 廿一
19 廿二	20 春分	21 廿四	22 廿五	23 廿六	24 廿七	25 廿八
26 廿九	27 三十	28 初一	29 初二	30 初三	31 初四	1 愚人节

大事件

3月工作日志

26 ● 星期日 ● 农历二月廿九

27 ● 星期一 ● 农历二月三十

28 ● 星期二 ● 农历三月初一

29 ● 星期三 ● 农历三月初二

March

日	一	二	三	四	五	六
26 初一	27 龙头节	28 初三	1 初四	2 初五	3 初六	4 初七
5 惊蛰	6 初九	7 初十	8 妇女节	9 十二	10 十三	11 十四
12 植树节	13 十六	14 十七	15 十八	16 十九	17 二十	18 廿一
19 廿二	20 春分	21 廿四	22 廿五	23 廿六	24 廿七	25 廿八
26 廿九	27 三十	28 初一	29 初二	30 初三	31 初四	1 愚人节

大事件

3月工作日志

30 —— 星期四 —— 农历三月初三

31 —— 星期五 —— 农历三月初四

March

日	一	二	三	四	五	六
26 初一	27 龙头节	28 初三	1 初四	2 初五	3 初六	4 初七
5 惊蛰	6 初九	7 初十	8 妇女节	9 十二	10 十三	11 十四
12 植树节	13 十六	14 十七	15 十八	16 十九	17 二十	18 廿一
19 廿二	20 春分	21 廿四	22 廿五	23 廿六	24 廿七	25 廿八
26 廿九	27 三十	28 初一	29 初二	30 初三	31 初四	1 愚人节

大事件

4月工作日志

| 1 | 星期六 | 农历三月初五 |

April

日	一	二	三	四	五	六
26 廿九	27 三十	28 初一	29 初二	30 初三	31 初四	1 愚人节
2 初六	3 初七	4 清明	5 初九	6 初十	7 十一	8 十二
9 十三	10 十四	11 十五	12 十六	13 十七	14 十八	15 十九
16 二十	17 廿一	18 廿二	19 廿三	20 谷雨	21 廿五	22 廿六
23 廿七	24 廿八	25 廿九	26 初一	27 初二	28 初三	29 初四
30 初五	1 劳动节	2 初七	3 初八	4 青年节	5 立夏	6 十一

大事件

4月工作日志

2 — 星期日 — 农历三月初六

3 — 星期一 — 农历三月初七

4 — 星期二 — 农历三月初八

April

日	一	二	三	四	五	六
26 廿九	27 三十	28 初一	29 初二	30 初三	31 初四	1 愚人节
2 初六	3 初七	4 清明	5 初九	6 初十	7 十一	8 十二
9 十三	10 十四	11 十五	12 十六	13 十七	14 十八	15 十九
16 二十	17 廿一	18 廿二	19 廿三	20 谷雨	21 廿五	22 廿六
23 廿七	24 廿八	25 廿九	26 初一	27 初二	28 初三	29 初四
30 初五	1 劳动节	2 初七	3 初八	4 青年节	5 立夏	6 十一

大事件

4月工作日志

5 — 星期三 — 农历三月初九

6 — 星期四 — 农历三月初十

7 — 星期五 — 农历三月十一

8 — 星期六 — 农历三月十二

April

日	一	二	三	四	五	六
26 廿九	27 三十	28 初一	29 初二	30 初三	31 初四	1 愚人节
2 初六	3 初七	4 清明	5 初九	6 初十	7 十一	8 十二
9 十三	10 十四	11 十五	12 十六	13 十七	14 十八	15 十九
16 二十	17 廿一	18 廿二	19 廿三	20 谷雨	21 廿五	22 廿六
23 廿七	24 廿八	25 廿九	26 初一	27 初二	28 初三	29 初四
30 初五	1 劳动节	2 初七	3 初八	4 青年节	5 立夏	6 十一

大事件

4月工作日志

9 —— 星期日 —— 农历三月十三

10 —— 星期一 —— 农历三月十四

11 —— 星期二 —— 农历三月十五

April

日	一	二	三	四	五	六
26 廿九	27 三十	28 初一	29 初二	30 初三	31 初四	1 愚人节
2 初六	3 初七	4 清明	5 初九	6 初十	7 十一	8 十二
9 十三	10 十四	11 十五	12 十六	13 十七	14 十八	15 十九
16 二十	17 廿一	18 廿二	19 廿三	20 谷雨	21 廿五	22 廿六
23 廿七	24 廿八	25 廿九	26 初一	27 初二	28 初三	29 初四
30 初五	1 劳动节	2 初七	3 初八	4 青年节	5 立夏	6 十一

大事件

4月工作日志

12 ● 星期三 ● 农历三月十六

13 ● 星期四 ● 农历三月十七

14 ● 星期五 ● 农历三月十八

15 ● 星期六 ● 农历三月十九

April

日	一	二	三	四	五	六
26 廿九	27 三十	28 初一	29 初二	30 初三	31 初四	1 愚人节
2 初六	3 初七	4 清明	5 初九	6 初十	7 十一	8 十二
9 十三	10 十四	11 十五	12 十六	13 十七	14 十八	15 十九
16 二十	17 廿一	18 廿二	19 廿三	20 谷雨	21 廿五	22 廿六
23 廿七	24 廿八	25 廿九	26 初一	27 初二	28 初三	29 初四
30 初五	1 劳动节	2 初七	3 初八	4 青年节	5 立夏	6 十一

大事件

4月工作日志

16 ●——● 星期日 ●——● 农历三月二十

17 ●——● 星期一 ●——● 农历三月廿一

18 ●——● 星期二 ●——● 农历三月廿二

April

日	一	二	三	四	五	六
26 廿九	27 三十	28 初一	29 初二	30 初三	31 初四	1 愚人节
2 初六	3 初七	4 清明	5 初九	6 初十	7 十一	8 十二
9 十三	10 十四	11 十五	12 十六	13 十七	14 十八	15 十九
16 二十	17 廿一	18 廿二	19 廿三	20 谷雨	21 廿五	22 廿六
23 廿七	24 廿八	25 廿九	26 初一	27 初二	28 初三	29 初四
30 初五	1 劳动节	2 初七	3 初八	4 青年节	5 立夏	6 十一

大事件

4月工作日志

19 — 星期三 — 农历三月廿三

20 — 星期四 — 农历三月廿四

21 — 星期五 — 农历三月廿五

22 — 星期六 — 农历三月廿六

April

日	一	二	三	四	五	六
26 廿九	27 三十	28 初一	29 初二	30 初三	31 初四	1 愚人节
2 初六	3 初七	4 清明	5 初九	6 初十	7 十一	8 十二
9 十三	10 十四	11 十五	12 十六	13 十七	14 十八	15 十九
16 二十	17 廿一	18 廿二	19 廿三	20 谷雨	21 廿五	22 廿六
23 廿七	24 廿八	25 廿九	26 初一	27 初二	28 初三	29 初四
30 初五	1 劳动节	2 初七	3 初八	4 青年节	5 立夏	6 十一

大事件

4月工作日志

23 ● 星期日 ● 农历三月廿七

24 ● 星期一 ● 农历三月廿八

25 ● 星期二 ● 农历三月廿九

April

日	一	二	三	四	五	六
26 廿九	27 三十	28 初一	29 初二	30 初三	31 初四	1 愚人节
2 初六	3 初七	4 清明	5 初九	6 初十	7 十一	8 十二
9 十三	10 十四	11 十五	12 十六	13 十七	14 十八	15 十九
16 二十	17 廿一	18 廿二	19 廿三	20 谷雨	21 廿五	22 廿六
23 廿七	24 廿八	25 廿九	26 初一	27 初二	28 初三	29 初四
30 初五	1 劳动节	2 初七	3 初八	4 青年节	5 立夏	6 十一

大事件

4月工作日志

26 ● 星期三 ● 农历四月初一

27 ● 星期四 ● 农历四月初二

28 ● 星期五 ● 农历四月初三

29 ● 星期六 ● 农历四月初四

April

日	一	二	三	四	五	六
26 廿九	27 三十	28 初一	29 初二	30 初三	31 初四	1 愚人节
2 初六	3 初七	4 清明	5 初九	6 初十	7 十一	8 十二
9 十三	10 十四	11 十五	12 十六	13 十七	14 十八	15 十九
16 二十	17 廿一	18 廿二	19 廿三	20 谷雨	21 廿五	22 廿六
23 廿七	24 廿八	25 廿九	26 初一	27 初二	28 初三	29 初四
30 初五	1 劳动节	2 初七	3 初八	4 青年节	5 立夏	6 十一

大事件

30　　星期日　　农历四月初五

4月工作日志

April

日	一	二	三	四	五	六
26 廿九	27 三十	28 初一	29 初二	30 初三	31 初四	1 愚人节
2 初六	3 初七	4 清明	5 初九	6 初十	7 十一	8 十二
9 十三	10 十四	11 十五	12 十六	13 十七	14 十八	15 十九
16 二十	17 廿一	18 廿二	19 廿三	20 谷雨	21 廿五	22 廿六
23 廿七	24 廿八	25 廿九	26 初一	27 初二	28 初三	29 初四
30 初五	1 劳动节	2 初七	3 初八	4 青年节	5 立夏	6 十一

大事件

5月工作日志

1 — 星期一 — 农历四月初六

May

日	一	二	三	四	五	六
30 初五	**1** 劳动节	**2** 初七	**3** 初八	**4** 青年节	**5** 立夏	**6** 十一
7 十二	**8** 十三	**9** 十四	**10** 十五	**11** 十六	**12** 十七	**13** 十八
14 母亲节	**15** 二十	**16** 廿一	**17** 廿二	**18** 廿三	**19** 廿四	**20** 廿五
21 小满	**22** 廿七	**23** 廿八	**24** 廿九	**25** 三十	**26** 初一	**27** 初二
28 初三	**29** 初四	**30** 端午节	**31** 初六	1 儿童节	2 初八	3 初九

大事件

5月工作日志

2 — 星期二 — 农历四月初七

3 — 星期三 — 农历四月初八

4 — 星期四 — 农历四月初九

May

日	一	二	三	四	五	六
30 初五	1 劳动节	2 初七	3 初八	4 青年节	5 立夏	6 十一
7 十二	8 十三	9 十四	10 十五	11 十六	12 十七	13 十八
14 母亲节	15 二十	16 廿一	17 廿二	18 廿三	19 廿四	20 廿五
21 小满	22 廿七	23 廿八	24 廿九	25 三十	26 初一	27 初二
28 初三	29 初四	30 端午节	31 初六	1 儿童节	2 初八	3 初九

大事件

5月工作日志

5 — 星期五 — 农历四月初十

6 — 星期六 — 农历四月十一

7 — 星期日 — 农历四月十二

8 — 星期一 — 农历四月十三

May

日	一	二	三	四	五	六
30 初五	1 劳动节	2 初七	3 初八	4 青年节	5 立夏	6 十一
7 十二	8 十三	9 十四	10 十五	11 十六	12 十七	13 十八
14 母亲节	15 二十	16 廿一	17 廿二	18 廿三	19 廿四	20 廿五
21 小满	22 廿七	23 廿八	24 廿九	25 三十	26 初一	27 初二
28 初三	29 初四	30 端午节	31 初六	1 儿童节	2 初八	3 初九

大事件

5月工作日志

9 —— 星期二 —— 农历四月十四

10 —— 星期三 —— 农历四月十五

11 —— 星期四 —— 农历四月十六

May

日	一	二	三	四	五	六
30 初五	1 劳动节	2 初七	3 初八	4 青年节	5 立夏	6 十一
7 十二	8 十三	9 十四	10 十五	11 十六	12 十七	13 十八
14 母亲节	15 二十	16 廿一	17 廿二	18 廿三	19 廿四	20 廿五
21 小满	22 廿七	23 廿八	24 廿九	25 三十	26 初一	27 初二
28 初三	29 初四	30 端午节	31 初六	1 儿童节	2 初八	3 初九

大事件

5月工作日志

12 — 星期五 — 农历四月十七

13 — 星期六 — 农历四月十八

14 — 星期日 — 农历四月十九

15 — 星期一 — 农历四月二十

May

日	一	二	三	四	五	六
30 初五	1 劳动节	2 初七	3 初八	4 青年节	5 立夏	6 十一
7 十二	8 十三	9 十四	10 十五	11 十六	12 十七	13 十八
14 母亲节	15 二十	16 廿一	17 廿二	18 廿三	19 廿四	20 廿五
21 小满	22 廿七	23 廿八	24 廿九	25 三十	26 初一	27 初二
28 初三	29 初四	30 端午节	31 初六	1 儿童节	2 初八	3 初九

大事件

5月工作日志

16 ● 星期二 ● 农历四月廿一

17 ● 星期三 ● 农历四月廿二

18 ● 星期四 ● 农历四月廿三

May

日	一	二	三	四	五	六
30 初五	1 劳动节	2 初七	3 初八	4 青年节	5 立夏	6 十一
7 十二	8 十三	9 十四	10 十五	11 十六	12 十七	13 十八
14 母亲节	15 二十	16 廿一	17 廿二	18 廿三	19 廿四	20 廿五
21 小满	22 廿七	23 廿八	24 廿九	25 三十	26 初一	27 初二
28 初三	29 初四	30 端午节	31 初六	1 儿童节	2 初八	3 初九

大事件

5月工作日志

19 ● 星期五 ● 农历四月廿四

20 ● 星期六 ● 农历四月廿五

21 ● 星期日 ● 农历四月廿六

22 ● 星期一 ● 农历四月廿七

May

日	一	二	三	四	五	六
30 初五	1 劳动节	2 初七	3 初八	4 青年节	5 立夏	6 十一
7 十二	8 十三	9 十四	10 十五	11 十六	12 十七	13 十八
14 母亲节	15 二十	16 廿一	17 廿二	18 廿三	19 廿四	20 廿五
21 小满	22 廿七	23 廿八	24 廿九	25 三十	26 初一	27 初二
28 初三	29 初四	30 端午节	31 初六	1 儿童节	2 初八	3 初九

大事件

5月工作日志

23 ●—— 星期二 ●—— 农历四月廿八

24 ●—— 星期三 ●—— 农历四月廿九

25 ●—— 星期四 ●—— 农历四月三十

May

日	一	二	三	四	五	六
30 初五	1 劳动节	2 初七	3 初八	4 青年节	5 立夏	6 十一
7 十二	8 十三	9 十四	10 十五	11 十六	12 十七	13 十八
14 母亲节	15 二十	16 廿一	17 廿二	18 廿三	19 廿四	20 廿五
21 小满	22 廿七	23 廿八	24 廿九	25 三十	26 初一	27 初二
28 初三	29 初四	30 端午节	31 初六	1 儿童节	2 初八	3 初九

大事件

5月工作日志

26 ── 星期五 ── 农历五月初一

27 ── 星期六 ── 农历五月初二

28 ── 星期日 ── 农历五月初三

29 ── 星期一 ── 农历五月初四

May

日	一	二	三	四	五	六
30 初五	1 劳动节	2 初七	3 初八	4 青年节	5 立夏	6 十一
7 十二	8 十三	9 十四	10 十五	11 十六	12 十七	13 十八
14 母亲节	15 二十	16 廿一	17 廿二	18 廿三	19 廿四	20 廿五
21 小满	22 廿七	23 廿八	24 廿九	25 三十	26 初一	27 初二
28 初三	29 初四	30 端午节	31 初六	1 儿童节	2 初八	3 初九

大事件

5月工作日志

30 ● 星期二 ● 农历五月初五

31 ● 星期三 ● 农历五月初六

May

日	一	二	三	四	五	六
30 初五	1 劳动节	2 初七	3 初八	4 青年节	5 立夏	6 十一
7 十二	8 十三	9 十四	10 十五	11 十六	12 十七	13 十八
14 母亲节	15 二十	16 廿一	17 廿二	18 廿三	19 廿四	20 廿五
21 小满	22 廿七	23 廿八	24 廿九	25 三十	26 初一	27 初二
28 初三	29 初四	30 端午节	31 初六	1 儿童节	2 初八	3 初九

大事件

6月工作日志

1 • 星期四 • 农历五月初七

June

日	一	二	三	四	五	六
28 初三	29 初四	30 端午节	31 初六	1 儿童节	2 初八	3 初九
4 初十	5 十一	6 十二	7 十三	8 十四	9 十五	10 十六
11 十七	12 十八	13 十九	14 二十	15 廿一	16 廿二	17 廿三
18 父亲节	19 廿五	20 廿六	21 夏至	22 廿八	23 廿九	24 初一
25 初二	26 初三	27 初四	28 初五	29 初六	30 初七	1 建党节

大事件

6月工作日志

2 ● 星期五 ● 农历五月初八

3 ● 星期六 ● 农历五月初九

4 ● 星期日 ● 农历五月初十

June

日	一	二	三	四	五	六
28 初三	29 初四	30 端午节	31 初六	1 儿童节	2 初八	3 初九
4 初十	5 十一	6 十二	7 十三	8 十四	9 十五	10 十六
11 十七	12 十八	13 十九	14 二十	15 廿一	16 廿二	17 廿三
18 父亲节	19 廿五	20 廿六	21 夏至	22 廿八	23 廿九	24 初一
25 初二	26 初三	27 初四	28 初五	29 初六	30 初七	1 建党节

大事件

6月工作日志

5 星期一 农历五月十一

6 星期二 农历五月十二

7 星期三 农历五月十三

8 星期四 农历五月十四

June

日	一	二	三	四	五	六
28 初三	29 初四	30 端午节	31 初六	1 儿童节	2 初八	3 初九
4 初十	5 十一	6 十二	7 十三	8 十四	9 十五	10 十六
11 十七	12 十八	13 十九	14 二十	15 廿一	16 廿二	17 廿三
18 父亲节	19 廿五	20 廿六	21 夏至	22 廿八	23 廿九	24 初一
25 初二	26 初三	27 初四	28 初五	29 初六	30 初七	1 建党节

大事件

6月工作日志

9 — 星期五 — 农历五月十五

10 — 星期六 — 农历五月十六

11 — 星期日 — 农历五月十七

June

日	一	二	三	四	五	六
28 初三	29 初四	30 端午节	31 初六	1 儿童节	2 初八	3 初九
4 初十	5 十一	6 十二	7 十三	8 十四	9 十五	10 十六
11 十七	12 十八	13 十九	14 二十	15 廿一	16 廿二	17 廿三
18 父亲节	19 廿五	20 廿六	21 夏至	22 廿八	23 廿九	24 初一
25 初二	26 初三	27 初四	28 初五	29 初六	30 初七	1 建党节

大事件

6月工作日志

| 12 | 星期一 | 农历五月十八 |

| 13 | 星期二 | 农历五月十九 |

| 14 | 星期三 | 农历五月二十 |

| 15 | 星期四 | 农历五月廿一 |

June

日	一	二	三	四	五	六
28 初三	29 初四	30 端午节	31 初六	1 儿童节	2 初八	3 初九
4 初十	5 十一	6 十二	7 十三	8 十四	9 十五	10 十六
11 十七	12 十八	13 十九	14 二十	15 廿一	16 廿二	17 廿三
18 父亲节	19 廿五	20 廿六	21 夏至	22 廿八	23 廿九	24 初一
25 初二	26 初三	27 初四	28 初五	29 初六	30 初七	1 建党节

大事件

6月工作日志

16 ● 星期五 ● 农历五月廿二

17 ● 星期六 ● 农历五月廿三

18 ● 星期日 ● 农历五月廿四

June

日	一	二	三	四	五	六
28 初三	29 初四	30 端午节	31 初六	1 儿童节	2 初八	3 初九
4 初十	5 十一	6 十二	7 十三	8 十四	9 十五	10 十六
11 十七	12 十八	13 十九	14 二十	15 廿一	16 廿二	17 廿三
18 父亲节	19 廿五	20 廿六	21 夏至	22 廿八	23 廿九	24 初一
25 初二	26 初三	27 初四	28 初五	29 初六	30 初七	1 建党节

大事件

6月工作日志

19 星期一 农历五月廿五

20 星期二 农历五月廿六

21 星期三 农历五月廿七

22 星期四 农历五月廿八

June

日	一	二	三	四	五	六
28 初三	29 初四	30 端午节	31 初六	1 儿童节	2 初八	3 初九
4 初十	5 十一	6 十二	7 十三	8 十四	9 十五	10 十六
11 十七	12 十八	13 十九	14 二十	15 廿一	16 廿二	17 廿三
18 父亲节	19 廿五	20 廿六	21 夏至	22 廿八	23 廿九	24 初一
25 初二	26 初三	27 初四	28 初五	29 初六	30 初七	1 建党节

大事件

6月工作日志

| 23 | 星期五 | 农历五月廿九 |

| 24 | 星期六 | 农历六月初一 |

| 25 | 星期日 | 农历六月初二 |

June

日	一	二	三	四	五	六
28 初三	29 初四	30 端午节	31 初六	1 儿童节	2 初八	3 初九
4 初十	5 十一	6 十二	7 十三	8 十四	9 十五	10 十六
11 十七	12 十八	13 十九	14 二十	15 廿一	16 廿二	17 廿三
18 父亲节	19 廿五	20 廿六	21 夏至	22 廿八	23 廿九	24 初一
25 初二	26 初三	27 初四	28 初五	29 初六	30 初七	1 建党节

大事件

6月工作日志

26 — 星期一 — 农历六月初三

27 — 星期二 — 农历六月初四

28 — 星期三 — 农历六月初五

29 — 星期四 — 农历六月初六

June

日	一	二	三	四	五	六
28 初三	29 初四	30 端午节	31 初六	1 儿童节	2 初八	3 初九
4 初十	5 十一	6 十二	7 十三	8 十四	9 十五	10 十六
11 十七	12 十八	13 十九	14 二十	15 廿一	16 廿二	17 廿三
18 父亲节	19 廿五	20 廿六	21 夏至	22 廿八	23 廿九	24 初一
25 初二	26 初三	27 初四	28 初五	29 初六	30 初七	1 建党节

大事件

6月工作日志

30 　星期五　农历六月初七

June

日	一	二	三	四	五	六
28 初三	29 初四	30 端午节	31 初六	1 儿童节	2 初八	3 初九
4 初十	5 十一	6 十二	7 十三	8 十四	9 十五	10 十六
11 十七	12 十八	13 十九	14 二十	15 廿一	16 廿二	17 廿三
18 父亲节	19 廿五	20 廿六	21 夏至	22 廿八	23 廿九	24 初一
25 初二	26 初三	27 初四	28 初五	29 初六	30 初七	1 建党节

大事件

7月工作日志

1 ● 星期六 ● 农历六月初八

注：书脊上的书名为《歌德》

July

日	一	二	三	四	五	六
25 初二	26 初三	27 初四	28 初五	29 初六	30 初七	1 初八
2 初九	3 初十	4 十一	5 十二	6 十三	7 小暑	8 十五
9 十六	10 十七	11 十八	12 十九	13 二十	14 廿一	15 廿二
16 廿三	17 廿四	18 廿五	19 廿六	20 廿七	21 廿八	22 大暑
23 初一	24 初二	25 初三	26 初四	27 初五	28 初六	29 初七
30 初八	31 初九	1 建军节	2 十一	3 十二	4 十三	5 十四

大事件

7月工作日志

2 ● 星期日 ● 农历六月初九

3 ● 星期一 ● 农历六月初十

4 ● 星期二 ● 农历六月十一

July

日	一	二	三	四	五	六
25 初二	26 初三	27 初四	28 初五	29 初六	30 初七	1 初八
2 初九	3 初十	4 十一	5 十二	6 十三	7 小暑	8 十五
9 十六	10 十七	11 十八	12 十九	13 二十	14 廿一	15 廿二
16 廿三	17 廿四	18 廿五	19 廿六	20 廿七	21 廿八	22 大暑
23 闰六月大	24 廿二	25 初三	26 初四	27 初五	28 初六	29 初七
30 初八	31 初九	1 建军节	2 十一	3 十二	4 十三	5 十四

大事件

7月工作日志

5 — 星期三 — 农历六月十二

6 — 星期四 — 农历六月十三

7 — 星期五 — 农历六月十四

8 — 星期六 — 农历六月十五

July

日	一	二	三	四	五	六
25	26	27	28	29	30	1
初二	初三	初四	初五	初六	初七	初八
2	3	4	5	6	7	8
初九	初十	十一	十二	十三	小暑	十五
9	10	11	12	13	14	15
十六	十七	十八	十九	二十	廿一	廿二
16	17	18	19	20	21	22
廿三	廿四	廿五	廿六	廿七	廿八	大暑
23	24	25	26	27	28	29
闰六月大	初二	初三	初四	初五	初六	初七
30	31	1	2	3	4	5
初八	初九	建军节	十一	十二	十三	十四

大事件

7月工作日志

9 ● 星期日 ● 农历六月十六

10 ● 星期一 ● 农历六月十七

11 ● 星期二 ● 农历六月十八

July

日	一	二	三	四	五	六
25 初二	26 初三	27 初四	28 初五	29 初六	30 初七	1 初八
2 初九	3 初十	4 十一	5 十二	6 十三	7 小暑	8 十五
9 十六	10 十七	11 十八	12 十九	13 二十	14 廿一	15 廿二
16 廿三	17 廿四	18 廿五	19 廿六	20 廿七	21 廿八	22 大暑
23 闰六月大	24 初二	25 初三	26 初四	27 初五	28 初六	29 初七
30 初八	31 初九	1 建军节	2 十一	3 十二	4 十三	5 十四

大事件

7月工作日志

12 — 星期三 — 农历六月十九

13 — 星期四 — 农历六月二十

14 — 星期五 — 农历六月廿一

15 — 星期六 — 农历六月廿二

July

日	一	二	三	四	五	六
25 初二	26 初三	27 初四	28 初五	29 初六	30 初七	1 初八
2 初九	3 初十	4 十一	5 十二	6 十三	7 小暑	8 十五
9 十六	10 十七	11 十八	12 十九	13 二十	14 廿一	15 廿二
16 廿三	17 廿四	18 廿五	19 廿六	20 廿七	21 廿八	22 大暑
23 闰六月大	24 初二	25 初三	26 初四	27 初五	28 初六	29 初七
30 初八	31 初九	1 建军节	2 十一	3 十二	4 十三	5 十四

大事件

7月工作日志

16 ● 星期日 ● 农历六月廿三

17 ● 星期一 ● 农历六月廿四

18 ● 星期二 ● 农历六月廿五

July

日	一	二	三	四	五	六
25 初二	26 初三	27 初四	28 初五	29 初六	30 初七	1 初八
2 初九	3 初十	4 十一	5 十二	6 十三	7 小暑	8 十五
9 十六	10 十七	11 十八	12 十九	13 二十	14 廿一	15 廿二
16 廿三	17 廿四	18 廿五	19 廿六	20 廿七	21 廿八	22 大暑
23 闰六月大	24 初二	25 初三	26 初四	27 初五	28 初六	29 初七
30 初八	31 初九	1 建军节	2 十一	3 十二	4 十三	5 十四

大事件

7月工作日志

19 ● 星期三 ● 农历六月廿六

20 ● 星期四 ● 农历六月廿七

21 ● 星期五 ● 农历六月廿八

22 ● 星期六 ● 农历六月廿九

July

日	一	二	三	四	五	六
25 初二	26 初三	27 初四	28 初五	29 初六	30 初七	1 初八
2 初九	3 初十	4 十一	5 十二	6 十三	7 小暑	8 十五
9 十六	10 十七	11 十八	12 十九	13 二十	14 廿一	15 廿二
16 廿三	17 廿四	18 廿五	19 廿六	20 廿七	21 廿八	22 大暑
23 闰六月大	24 初二	25 初三	26 初四	27 初五	28 初六	29 初七
30 初八	31 初九	1 建军节	2 十一	3 十二	4 十三	5 十四

大事件

7月工作日志

23 ●—— 星期日 ●—— 农历闰六月初一

24 ●—— 星期一 ●—— 农历闰六月初二

25 ●—— 星期二 ●—— 农历闰六月初三

July

日	一	二	三	四	五	六
25 初二	26 初三	27 初四	28 初五	29 初六	30 初七	1 初八
2 初九	3 初十	4 十一	5 十二	6 十三	7 小暑	8 十五
9 十六	10 十七	11 十八	12 十九	13 二十	14 廿一	15 廿二
16 廿三	17 廿四	18 廿五	19 廿六	20 廿七	21 廿八	22 大暑
23 闰六月大	24 初二	25 初三	26 初四	27 初五	28 初六	29 初七
30 初八	31 初九	1 建军节	2 十一	3 十二	4 十三	5 十四

大事件

7月工作日志

26 — 星期三 — 农历闰六月初四

27 — 星期四 — 农历闰六月初五

28 — 星期五 — 农历闰六月初六

29 — 星期六 — 农历闰六月初七

July

日	一	二	三	四	五	六
25 初二	26 初三	27 初四	28 初五	29 初六	30 初七	1 初八
2 初九	3 初十	4 十一	5 十二	6 十三	7 小暑	8 十五
9 十六	10 十七	11 十八	12 十九	13 二十	14 廿一	15 廿二
16 廿三	17 廿四	18 廿五	19 廿六	20 廿七	21 廿八	22 大暑
23 闰六月大	24 初二	25 初三	26 初四	27 初五	28 初六	29 初七
30 初八	31 初九	1 建军节	2 十一	3 十二	4 十三	5 十四

大事件

7月工作日志

30 星期日 农历闰六月初八

31 星期一 农历闰六月初九

July

日	一	二	三	四	五	六
25 初二	26 初三	27 初四	28 初五	29 初六	30 初七	1 初八
2 初九	3 初十	4 十一	5 十二	6 十三	7 小暑	8 十五
9 十六	10 十七	11 十八	12 十九	13 二十	14 廿一	15 廿二
16 廿三	17 廿四	18 廿五	19 廿六	20 廿七	21 廿八	22 大暑
23 闰六月大	24 初二	25 初三	26 初四	27 初五	28 初六	29 初七
30 初八	31 初九	1 建军节	2 十一	3 十二	4 十三	5 十四

大事件

8月工作日志

1 —— 星期二 —— 农历闰六月初十

August

日	一	二	三	四	五	六
30 初八	31 初九	1 建军节	2 十一	3 十二	4 十三	5 十四
6 十五	7 立秋	8 十七	9 十八	10 十九	11 二十	12 廿一
13 廿二	14 廿三	15 廿四	16 廿五	17 廿六	18 廿七	19 廿八
20 廿九	21 三十	22 初一	23 处暑	24 初三	25 初四	26 初五
27 初六	28 七夕节	29 初八	30 初九	31 初十	1 十一	2 十二

大事件

8月工作日志

2 — 星期三 — 农历闰六月十一

3 — 星期四 — 农历闰六月十二

4 — 星期五 — 农历闰六月十三

August

日	一	二	三	四	五	六
30 初八	31 初九	1 建军节	2 十一	3 十二	4 十三	5 十四
6 十五	7 立秋	8 十七	9 十八	10 十九	11 二十	12 廿一
13 廿二	14 廿三	15 廿四	16 廿五	17 廿六	18 廿七	19 廿八
20 廿九	21 三十	22 初一	23 处暑	24 初三	25 初四	26 初五
27 初六	28 七夕节	29 初八	30 初九	31 初十	1 十一	2 十二

大事件

8月工作日志

| 5 | 星期六 | 农历闰六月十四 |

| 6 | 星期日 | 农历闰六月十五 |

| 7 | 星期一 | 农历闰六月十六 |

| 8 | 星期二 | 农历闰六月十七 |

August

日	一	二	三	四	五	六
30 初八	31 初九	1 建军节	2 十一	3 十二	4 十三	5 十四
6 十五	7 立秋	8 十七	9 十八	10 十九	11 二十	12 廿一
13 廿二	14 廿三	15 廿四	16 廿五	17 廿六	18 廿七	19 廿八
20 廿九	21 三十	22 初一	23 处暑	24 初三	25 初四	26 初五
27 初六	28 七夕节	29 初八	30 初九	31 初十	1 十一	2 十二

大事件

8月工作日志

9 ●——● 星期三 ●——● 农历闰六月十八

10 ●——● 星期四 ●——● 农历闰六月十九

11 ●——● 星期五 ●——● 农历闰六月二十

August

日	一	二	三	四	五	六
30	31	1	2	3	4	5
初八	初九	建军节	十一	十二	十三	十四
6	7	8	9	10	11	12
十五	立秋	十七	十八	十九	二十	廿一
13	14	15	16	17	18	19
廿二	廿三	廿四	廿五	廿六	廿七	廿八
20	21	22	23	24	25	26
廿九	三十	初一	处暑	初三	初四	初五
27	28	29	30	31	1	2
初六	七夕节	初八	初九	初十	十一	十二

大事件

8月工作日志

12 — 星期六 — 农历闰六月廿一

13 — 星期日 — 农历闰六月廿二

14 — 星期一 — 农历闰六月廿三

15 — 星期二 — 农历闰六月廿四

August

日	一	二	三	四	五	六
30 初八	31 初九	1 建军节	2 十一	3 十二	4 十三	5 十四
6 十五	7 立秋	8 十七	9 十八	10 十九	11 二十	12 廿一
13 廿二	14 廿三	15 廿四	16 廿五	17 廿六	18 廿七	19 廿八
20 廿九	21 三十	22 初一	23 处暑	24 初三	25 初四	26 初五
27 初六	28 七夕节	29 初八	30 初九	31 初十	1 十一	2 十二

大事件

8月工作日志

16 — 星期三 — 农历闰六月廿五

17 — 星期四 — 农历闰六月廿六

18 — 星期五 — 农历闰六月廿七

August

日	一	二	三	四	五	六
30 初八	31 初九	1 建军节	2 十一	3 十二	4 十三	5 十四
6 十五	7 立秋	8 十七	9 十八	10 十九	11 二十	12 廿一
13 廿二	14 廿三	15 廿四	16 廿五	17 廿六	18 廿七	19 廿八
20 廿九	21 三十	22 初一	23 处暑	24 初三	25 初四	26 初五
27 初六	28 七夕节	29 初八	30 初九	31 初十	1 十一	2 十二

大事件

8月工作日志

19 ● 星期六 ● 农历闰六月廿八

20 ● 星期日 ● 农历闰六月廿九

21 ● 星期一 ● 农历闰六月三十

22 ● 星期二 ● 农历七月初一

August

日	一	二	三	四	五	六
30 初八	31 初九	1 建军节	2 十一	3 十二	4 十三	5 十四
6 十五	7 立秋	8 十七	9 十八	10 十九	11 二十	12 廿一
13 廿二	14 廿三	15 廿四	16 廿五	17 廿六	18 廿七	19 廿八
20 廿九	21 三十	22 初一	23 处暑	24 初三	25 初四	26 初五
27 初六	28 七夕节	29 初八	30 初九	31 初十	1 十一	2 十二

大事件

8月工作日志

23 ●—— 星期三 ●—— 农历七月初二

24 ●—— 星期四 ●—— 农历七月初三

25 ●—— 星期五 ●—— 农历七月初四

August

日	一	二	三	四	五	六
30 初八	31 初九	1 建军节	2 十一	3 十二	4 十三	5 十四
6 十五	7 立秋	8 十七	9 十八	10 十九	11 二十	12 廿一
13 廿二	14 廿三	15 廿四	16 廿五	17 廿六	18 廿七	19 廿八
20 廿九	21 三十	22 初一	23 处暑	24 初三	25 初四	26 初五
27 初六	28 七夕节	29 初八	30 初九	31 初十	1 十一	2 十二

大事件

8月工作日志

26 — 星期六 — 农历七月初五

27 — 星期日 — 农历七月初六

28 — 星期一 — 农历七月初七

29 — 星期二 — 农历七月初八

August

日	一	二	三	四	五	六
30 初八	31 初九	1 建军节	2 十一	3 十二	4 十三	5 十四
6 十五	7 立秋	8 十七	9 十八	10 十九	11 二十	12 廿一
13 廿二	14 廿三	15 廿四	16 廿五	17 廿六	18 廿七	19 廿八
20 廿九	21 三十	22 初一	23 处暑	24 初三	25 初四	26 初五
27 初六	28 七夕节	29 初八	30 初九	31 初十	1 十一	2 十二

大事件

8月工作日志

30 •—— 星期三 •—— 农历七月初九

31 •—— 星期四 •—— 农历七月初十

August

日	一	二	三	四	五	六
30 初八	31 初九	1 建军节	2 十一	3 十二	4 十三	5 十四
6 十五	7 立秋	8 十七	9 十八	10 十九	11 二十	12 廿一
13 廿二	14 廿三	15 廿四	16 廿五	17 廿六	18 廿七	19 廿八
20 廿九	21 三十	22 初一	23 处暑	24 初三	25 初四	26 初五
27 初六	28 七夕节	29 初八	30 初九	31 初十	1 十一	2 十二

大事件

9月工作日志

1 —— 星期五 —— 农历七月十一

September

日	一	二	三	四	五	六
27 初六	28 七夕节	29 初八	30 初九	31 初十	1 十一	2 十二
3 十三	4 十四	5 十五	6 十六	7 白露	8 十八	9 十九
10 教师节	11 廿一	12 廿二	13 廿三	14 廿四	15 廿五	16 廿六
17 廿七	18 廿八	19 廿九	20 初一	21 初二	22 初三	23 秋分
24 初五	25 初六	26 初七	27 初八	28 初九	29 初十	30 十一

大事件

9月工作日志

2 — 星期六 — 农历七月十二

3 — 星期日 — 农历七月十三

4 — 星期一 — 农历七月十四

September

日	一	二	三	四	五	六
27 初六	28 七夕节	29 初八	30 初九	31 初十	1 十一	2 十二
3 十三	4 十四	5 十五	6 十六	7 白露	8 十八	9 十九
10 教师节	11 廿一	12 廿二	13 廿三	14 廿四	15 廿五	16 廿六
17 廿七	18 廿八	19 廿九	20 初一	21 初二	22 初三	23 秋分
24 初四	25 初六	26 初七	27 初八	28 初九	29 初十	30 十一

大事件

9月工作日志

5 星期二 农历七月十五

6 星期三 农历七月十六

7 星期四 农历七月十七

8 星期五 农历七月十八

September

日	一	二	三	四	五	六
27 初六	28 七夕节	29 初八	30 初九	31 初十	1 十一	2 十二
3 十三	4 十四	5 十五	6 十六	7 白露	8 十八	9 十九
10 教师节	11 廿一	12 廿二	13 廿三	14 廿四	15 廿五	16 廿六
17 廿七	18 廿八	19 廿九	20 初一	21 初二	22 初三	23 秋分
24 初五	25 初六	26 初七	27 初八	28 初九	29 初十	30 十一

大事件

9月工作日志

9 —— 星期六 —— 农历七月十九

10 —— 星期日 —— 农历七月二十

11 —— 星期一 —— 农历七月廿一

September

日	一	二	三	四	五	六
27 初六	28 七夕节	29 初八	30 初九	31 初十	1 十一	2 十二
3 十三	4 十四	5 十五	6 十六	7 白露	8 十八	9 十九
10 教师节	11 廿一	12 廿二	13 廿三	14 廿四	15 廿五	16 廿六
17 廿七	18 廿八	19 廿九	20 初一	21 初二	22 初三	23 秋分
24 初五	25 初六	26 初七	27 初八	28 初九	29 初十	30 十一

大事件

9月工作日志

12 — 星期二 — 农历七月廿二

13 — 星期三 — 农历七月廿三

14 — 星期四 — 农历七月廿四

15 — 星期五 — 农历七月廿五

September

日	一	二	三	四	五	六
27 初六	28 七夕节	29 初八	30 初九	31 初十	1 十一	2 十二
3 十三	4 十四	5 十五	6 十六	7 白露	8 十八	9 十九
10 教师节	11 廿一	12 廿二	13 廿三	14 廿四	15 廿五	16 廿六
17 廿七	18 廿八	19 廿九	20 初一	21 初二	22 初三	23 秋分
24 初五	25 初六	26 初七	27 初八	28 初九	29 初十	30 十一

大事件

9月工作日志

16 ● 星期六 ● 农历七月廿六

17 ● 星期日 ● 农历七月廿七

18 ● 星期一 ● 农历七月廿八

September

日	一	二	三	四	五	六
27 初六	28 七夕节	29 初八	30 初九	31 初十	1 十一	2 十二
3 十三	4 十四	5 十五	6 十六	7 白露	8 十八	9 十九
10 教师节	11 廿一	12 廿二	13 廿三	14 廿四	15 廿五	16 廿六
17 廿七	18 廿八	19 廿九	20 初一	21 初二	22 初三	23 秋分
24 初五	25 初六	26 初七	27 初八	28 初九	29 初十	30 十一

大事件

9月工作日志

19 — 星期二 — 农历七月廿九

20 — 星期三 — 农历八月初一

21 — 星期四 — 农历八月初二

22 — 星期五 — 农历八月初三

September

日	一	二	三	四	五	六
27 初六	28 七夕节	29 初八	30 初九	31 初十	1 十一	2 十二
3 十三	4 十四	5 十五	6 十六	7 白露	8 十八	9 十九
10 教师节	11 廿一	12 廿二	13 廿三	14 廿四	15 廿五	16 廿六
17 廿七	18 廿八	19 廿九	20 初一	21 初二	22 初三	23 秋分
24 初五	25 初六	26 初七	27 初八	28 初九	29 初十	30 十一

大事件

9月工作日志

23 — 星期六 — 农历八月初四

24 — 星期日 — 农历八月初五

25 — 星期一 — 农历八月初六

September

日	一	二	三	四	五	六
27 初六	28 七夕节	29 初八	30 初九	31 初十	1 十一	2 十二
3 十三	4 十四	5 十五	6 十六	7 白露	8 十八	9 十九
10 教师节	11 廿一	12 廿二	13 廿三	14 廿四	15 廿五	16 廿六
17 廿七	18 廿八	19 廿九	20 初一	21 初二	22 初三	23 秋分
24 初四	25 初五	26 初七	27 初八	28 初九	29 初十	30 十一

大事件

9月工作日志

| 26 | 星期二 | 农历八月初七 |

| 27 | 星期三 | 农历八月初八 |

| 28 | 星期四 | 农历八月初九 |

| 29 | 星期五 | 农历八月初十 |

September

日	一	二	三	四	五	六
27 初六	28 七夕节	29 初八	30 初九	31 初十	1 十一	2 十二
3 十三	4 十四	5 十五	6 十六	7 白露	8 十八	9 十九
10 教师节	11 廿一	12 廿二	13 廿三	14 廿四	15 廿五	16 廿六
17 廿七	18 廿八	19 廿九	20 初一	21 初二	22 初三	23 秋分
24 初五	25 初六	26 初七	27 初八	28 初九	29 初十	30 十一

大事件

9月工作日志

30 —— 星期六 —— 农历八月十一

September

日	一	二	三	四	五	六
27 初六	28 七夕节	29 初八	30 初九	31 初十	1 十一	2 十二
3 十三	4 十四	5 十五	6 十六	7 白露	8 十八	9 十九
10 教师节	11 廿一	12 廿二	13 廿三	14 廿四	15 廿五	16 廿六
17 廿七	18 廿八	19 廿九	20 初一	21 初二	22 初三	23 秋分
24 初五	25 初六	26 初七	27 初八	28 初九	29 初十	30 十一

大事件

10月工作日志

1 ● 星期日 ● 农历八月十二

October

日	一	二	三	四	五	六
1 国庆节	2 十三	3 十四	4 中秋节	5 十六	6 十七	7 十八
8 寒露	9 二十	10 廿一	11 廿二	12 廿三	13 廿四	14 廿五
15 廿六	16 廿七	17 廿八	18 廿九	19 三十	20 初一	21 初二
22 初三	23 霜降	24 初五	25 初六	26 初七	27 初八	28 重阳节
29 初十	30 十一	31 十二	1 十三	2 十四	3 十五	4 十六

大事件

10月工作日志

2 — 星期一 — 农历八月十三

3 — 星期二 — 农历八月十四

4 — 星期三 — 农历八月十五

October

日	一	二	三	四	五	六
1 国庆节	2 十三	3 十四	4 中秋节	5 十六	6 十七	7 十八
8 寒露	9 二十	10 廿一	11 廿二	12 廿三	13 廿四	14 廿五
15 廿六	16 廿七	17 廿八	18 廿九	19 三十	20 初一	21 初二
22 初三	23 霜降	24 初五	25 初六	26 初七	27 初八	28 重阳节
29 初十	30 十一	31 十二	1 十三	2 十四	3 十五	4 十六

大事件

10月工作日志

5 — 星期四 — 农历八月十六

6 — 星期五 — 农历八月十七

7 — 星期六 — 农历八月十八

8 — 星期日 — 农历八月十九

October

日	一	二	三	四	五	六
1 国庆节	2 十三	3 十四	4 中秋节	5 十六	6 十七	7 十八
8 寒露	9 二十	10 廿一	11 廿二	12 廿三	13 廿四	14 廿五
15 廿六	16 廿七	17 廿八	18 廿九	19 三十	20 初一	21 初二
22 初三	23 霜降	24 初五	25 初六	26 初七	27 初八	28 重阳节
29 初十	30 十一	31 十二	1 十三	2 十四	3 十五	4 十六

大事件

10月工作日志

9 ●──● 星期一 ●──● 农历八月二十

10 ●──● 星期二 ●──● 农历八月廿一

11 ●──● 星期三 ●──● 农历八月廿二

October

日	一	二	三	四	五	六
1 国庆节	**2** 十三	**3** 十四	**4** 中秋节	**5** 十六	**6** 十七	**7** 十八
8 寒露	**9** 二十	**10** 廿一	**11** 廿二	**12** 廿三	**13** 廿四	**14** 廿五
15 廿六	**16** 廿七	**17** 廿八	**18** 廿九	**19** 三十	**20** 初一	**21** 初二
22 初三	**23** 霜降	**24** 初五	**25** 初六	**26** 初七	**27** 初八	**28** 重阳节
29 初十	**30** 十一	**31** 十二	**1** 十三	**2** 十四	**3** 十五	**4** 十六

大事件

10月工作日志

12 —— 星期四 —— 农历八月廿三

13 —— 星期五 —— 农历八月廿四

14 —— 星期六 —— 农历八月廿五

15 —— 星期日 —— 农历八月廿六

October

日	一	二	三	四	五	六
1 国庆节	**2** 十三	**3** 十四	**4** 中秋节	**5** 十六	**6** 十七	**7** 十八
8 寒露	**9** 二十	**10** 廿一	**11** 廿二	**12** 廿三	**13** 廿四	**14** 廿五
15 廿六	**16** 廿七	**17** 廿八	**18** 廿九	**19** 三十	**20** 初一	**21** 初二
22 初三	**23** 霜降	**24** 初五	**25** 初六	**26** 初七	**27** 初八	**28** 重阳节
29 初十	**30** 十一	**31** 十二	**1** 十三	**2** 十四	**3** 十五	**4** 十六

大事件

10月工作日志

16 ●—— 星期一 ●—— 农历八月廿七

17 ●—— 星期二 ●—— 农历八月廿八

18 ●—— 星期三 ●—— 农历八月廿九

October

日	一	二	三	四	五	六
1 国庆节	2 十三	3 十四	4 中秋节	5 十六	6 十七	7 十八
8 寒露	9 二十	10 廿一	11 廿二	12 廿三	13 廿四	14 廿五
15 廿六	16 廿七	17 廿八	18 廿九	19 三十	20 初一	21 初二
22 初三	23 霜降	24 初五	25 初六	26 初七	27 初八	28 重阳节
29 初十	30 十一	31 十二	1 十三	2 十四	3 十五	4 十六

大事件

10月工作日志

| 19 | 星期四 | 农历八月三十 |

| 20 | 星期五 | 农历九月初一 |

| 21 | 星期六 | 农历九月初二 |

| 22 | 星期日 | 农历九月初三 |

October

日	一	二	三	四	五	六
1 国庆节	**2** 十三	**3** 十四	**4** 中秋节	**5** 十六	**6** 十七	**7** 十八
8 寒露	**9** 二十	**10** 廿一	**11** 廿二	**12** 廿三	**13** 廿四	**14** 廿五
15 廿六	**16** 廿七	**17** 廿八	**18** 廿九	**19** 三十	**20** 初一	**21** 初二
22 初三	**23** 霜降	**24** 初五	**25** 初六	**26** 初七	**27** 初八	**28** 重阳节
29 初十	**30** 十一	**31** 十二	**1** 十三	**2** 十四	**3** 十五	**4** 十六

大事件

10月工作日志

| 23 | 星期一 | 农历九月初四 |

| 24 | 星期二 | 农历九月初五 |

| 25 | 星期三 | 农历九月初六 |

October

日	一	二	三	四	五	六
1 国庆节	**2** 十三	**3** 十四	**4** 中秋节	**5** 十六	**6** 十七	**7** 十八
8 寒露	**9** 二十	**10** 廿一	**11** 廿二	**12** 廿三	**13** 廿四	**14** 廿五
15 廿六	**16** 廿七	**17** 廿八	**18** 廿九	**19** 三十	**20** 初一	**21** 初二
22 初三	**23** 霜降	**24** 初五	**25** 初六	**26** 初七	**27** 初八	**28** 重阳节
29 初十	**30** 十一	**31** 十二	**1** 十三	**2** 十四	**3** 十五	**4** 十六

大事件

10月工作日志

| 26 | 星期四 | 农历九月初七 |

| 27 | 星期五 | 农历九月初八 |

| 28 | 星期六 | 农历九月初九 |

| 29 | 星期日 | 农历九月初十 |

October

日	一	二	三	四	五	六
1 国庆节	2 十三	3 十四	4 中秋节	5 十六	6 十七	7 十八
8 寒露	9 二十	10 廿一	11 廿二	12 廿三	13 廿四	14 廿五
15 廿六	16 廿七	17 廿八	18 廿九	19 三十	20 初一	21 初二
22 初三	23 霜降	24 初五	25 初六	26 初七	27 初八	28 重阳节
29 初十	30 十一	31 十二	1 十三	2 十四	3 十五	4 十六

大事件

10月工作日志

| 30 — 星期一 — 农历九月十一 |

| 31 — 星期二 — 农历九月十二 |

October

日	一	二	三	四	五	六
1 国庆节	2 十三	3 十四	4 中秋节	5 十六	6 十七	7 十八
8 寒露	9 二十	10 廿一	11 廿二	12 廿三	13 廿四	14 廿五
15 廿六	16 廿七	17 廿八	18 廿九	19 三十	20 初一	21 初二
22 初三	23 霜降	24 初五	25 初六	26 初七	27 初八	28 重阳节
29 初十	30 十一	31 十二	1 十三	2 十四	3 十五	4 十六

大事件

11月工作日志

1 — 星期三 — 农历九月十三

November

日	一	二	三	四	五	六
29	30	31	1	2	3	4
初十	十一	十二	十三	十四	十五	十六
5	6	7	8	9	10	11
十七	十八	立冬	二十	廿一	廿二	廿三
12	13	14	15	16	17	18
廿四	廿五	廿六	廿七	廿八	廿九	初一
19	20	21	22	23	24	25
初二	初三	初四	小雪	初六	初七	初八
26	27	28	29	30	1	2
初九	初十	十一	十二	十三	十四	十五

大事件

11月工作日志

2 — 星期四 — 农历九月十四

3 — 星期五 — 农历九月十五

4 — 星期六 — 农历九月十六

November

日	一	二	三	四	五	六
29 初十	30 十一	31 十二	1 十三	2 十四	3 十五	4 十六
5 十七	6 十八	7 立冬	8 二十	9 廿一	10 廿二	11 廿三
12 廿四	13 廿五	14 廿六	15 廿七	16 廿八	17 廿九	18 初一
19 初二	20 初三	21 初四	22 小雪	23 初六	24 初七	25 初八
26 初九	27 初十	28 十一	29 十二	30 十三	1 十四	2 十五

大事件

11月工作日志

5 — 星期日 — 农历九月十七

6 — 星期一 — 农历九月十八

7 — 星期二 — 农历九月十九

8 — 星期三 — 农历九月二十

November

日	一	二	三	四	五	六
29 初十	30 十一	31 十二	1 十三	2 十四	3 十五	4 十六
5 十七	6 十八	7 立冬	8 二十	9 廿一	10 廿二	11 廿三
12 廿四	13 廿五	14 廿六	15 廿七	16 廿八	17 廿九	18 初一
19 初二	20 初三	21 初四	22 小雪	23 初六	24 初七	25 初八
26 初九	27 初十	28 十一	29 十二	30 十三	1 十四	2 十五

大事件

11月工作日志

9 ● 星期四 ● 农历九月廿一

10 ● 星期五 ● 农历九月廿二

11 ● 星期六 ● 农历九月廿三

November

日	一	二	三	四	五	六
29	30	31	1	2	3	4
初十	十一	十二	十三	十四	十五	十六
5	6	7	8	9	10	11
十七	十八	立冬	二十	廿一	廿二	廿三
12	13	14	15	16	17	18
廿四	廿五	廿六	廿七	廿八	廿九	初一
19	20	21	22	23	24	25
初二	初三	初四	小雪	初六	初七	初八
26	27	28	29	30	1	2
初九	初十	十一	十二	十三	十四	十五

大事件

11月工作日志

12 — 星期日 — 农历九月廿四

13 — 星期一 — 农历九月廿五

14 — 星期二 — 农历九月廿六

15 — 星期三 — 农历九月廿七

November

日	一	二	三	四	五	六
29 初十	30 十一	31 十二	1 十三	2 十四	3 十五	4 十六
5 十七	6 十八	7 立冬	8 二十	9 廿一	10 廿二	11 廿三
12 廿四	13 廿五	14 廿六	15 廿七	16 廿八	17 廿九	18 初一
19 初二	20 初三	21 初四	22 小雪	23 初六	24 初七	25 初八
26 初九	27 初十	28 十一	29 十二	30 十三	1 十四	2 十五

大事件

11月工作日志

16 ● 星期四 ● 农历九月廿八

17 ● 星期五 ● 农历九月廿九

18 ● 星期六 ● 农历十月初一

November

日	一	二	三	四	五	六
29 初十	30 十一	31 十二	1 十三	2 十四	3 十五	4 十六
5 十七	6 十八	7 立冬	8 二十	9 廿一	10 廿二	11 廿三
12 廿四	13 廿五	14 廿六	15 廿七	16 廿八	17 廿九	18 初一
19 初二	20 初三	21 初四	22 小雪	23 初六	24 初七	25 初八
26 初九	27 初十	28 十一	29 十二	30 十三	1 十四	2 十五

大事件

11月工作日志

19 星期日　农历十月初二

20 星期一　农历十月初三

21 星期二　农历十月初四

22 星期三　农历十月初五

November

日	一	二	三	四	五	六
29 初十	30 十一	31 十二	1 十三	2 十四	3 十五	4 十六
5 十七	6 十八	7 立冬	8 二十	9 廿一	10 廿二	11 廿三
12 廿四	13 廿五	14 廿六	15 廿七	16 廿八	17 廿九	18 初一
19 初二	20 初三	21 初四	22 小雪	23 初六	24 初七	25 初八
26 初九	27 初十	28 十一	29 十二	30 十三	1 十四	2 十五

大事件

11月工作日志

23 — 星期四 — 农历十月初六

24 — 星期五 — 农历十月初七

25 — 星期六 — 农历十月初八

November

日	一	二	三	四	五	六
29 初十	30 十一	31 十二	1 十三	2 十四	3 十五	4 十六
5 十七	6 十八	7 立冬	8 二十	9 廿一	10 廿二	11 廿三
12 廿四	13 廿五	14 廿六	15 廿七	16 廿八	17 廿九	18 初一
19 初二	20 初三	21 初四	22 小雪	23 初六	24 初七	25 初八
26 初九	27 初十	28 十一	29 十二	30 十三	1 十四	2 十五

大事件

11月工作日志

26 ● 星期日 ● 农历十月初九

27 ● 星期一 ● 农历十月初十

28 ● 星期二 ● 农历十月十一

29 ● 星期三 ● 农历十月十二

November

日	一	二	三	四	五	六
29 初十	30 十一	31 十二	1 十三	2 十四	3 十五	4 十六
5 十七	6 十八	7 立冬	8 二十	9 廿一	10 廿二	11 廿三
12 廿四	13 廿五	14 廿六	15 廿七	16 廿八	17 廿九	18 初一
19 初二	20 初三	21 初四	22 小雪	23 初六	24 初七	25 初八
26 初九	27 初十	28 十一	29 十二	30 十三	1 十四	2 十五

大事件

11月工作日志

30 — 星期四 — 农历十月十三

November

日	一	二	三	四	五	六
29 初十	30 十一	31 十二	1 十三	2 十四	3 十五	4 十六
5 十七	6 十八	7 立冬	8 二十	9 廿一	10 廿二	11 廿三
12 廿四	13 廿五	14 廿六	15 廿七	16 廿八	17 廿九	18 初一
19 初二	20 初三	21 初四	22 小雪	23 初六	24 初七	25 初八
26 初九	27 初十	28 十一	29 十二	30 十三	1 十四	2 十五

大事件

12月工作日志

| 1 | 星期五 | 农历十月十四 |

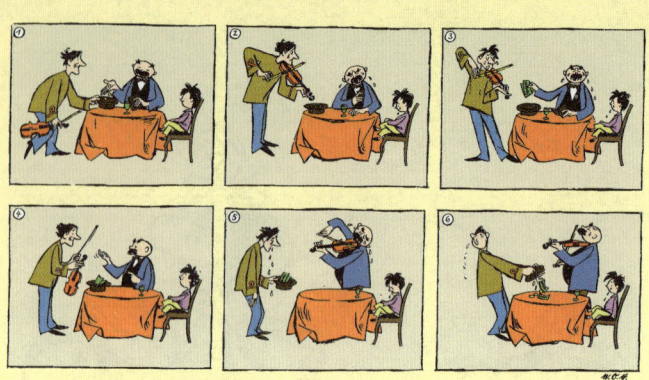

December

日	一	二	三	四	五	六
26 初九	27 初十	28 十一	29 十二	30 十三	1 十四	2 十五
3 十六	4 十七	5 十八	6 十九	7 大雪	8 廿一	9 廿二
10 廿三	11 廿四	12 廿五	13 廿六	14 廿七	15 廿八	16 廿九
17 三十	18 初一	19 初二	20 初三	21 初四	22 冬至	23 初六
24 初七	25 初八	26 初九	27 初十	28 十一	29 十二	30 十三
31 十四	1 元旦	2 十六	3 十七	4 十八	5 小寒	6 二十

大事件

12月工作日志

2 — 星期六 — 农历十月十五

3 — 星期日 — 农历十月十六

4 — 星期一 — 农历十月十七

December

日	一	二	三	四	五	六
26 初九	27 初十	28 十一	29 十二	30 十三	1 十四	2 十五
3 十六	4 十七	5 十八	6 十九	7 大雪	8 廿一	9 廿二
10 廿三	11 廿四	12 廿五	13 廿六	14 廿七	15 廿八	16 廿九
17 三十	18 初一	19 初二	20 初三	21 初四	22 冬至	23 初六
24 初七	25 初八	26 初九	27 初十	28 十一	29 十二	30 十三
31 十四	1 元旦	2 十六	3 十七	4 十八	5 小寒	6 二十

大事件

12月工作日志

| 5 | 星期二 | 农历十月十八 |

| 6 | 星期三 | 农历十月十九 |

| 7 | 星期四 | 农历十月二十 |

| 8 | 星期五 | 农历十月廿一 |

December

日	一	二	三	四	五	六
26 初九	27 初十	28 十一	29 十二	30 十三	1 十四	2 十五
3 十六	4 十七	5 十八	6 十九	7 大雪	8 廿一	9 廿二
10 廿三	11 廿四	12 廿五	13 廿六	14 廿七	15 廿八	16 廿九
17 三十	18 初一	19 初二	20 初三	21 初四	22 冬至	23 初六
24 初七	25 初八	26 初九	27 初十	28 十一	29 十二	30 十三
31 十四	1 元旦	2 十六	3 十七	4 十八	5 小寒	6 二十

大事件

12月工作日志

9 — 星期六 — 农历十月廿二

10 — 星期日 — 农历十月廿三

11 — 星期一 — 农历十月廿四

December

日	一	二	三	四	五	六
26 初九	27 初十	28 十一	29 十二	30 十三	1 十四	2 十五
3 十六	4 十七	5 十八	6 十九	7 大雪	8 廿一	9 廿二
10 廿三	11 廿四	12 廿五	13 廿六	14 廿七	15 廿八	16 廿九
17 三十	18 初一	19 初二	20 初三	21 初四	22 冬至	23 初六
24 初七	25 初八	26 初九	27 初十	28 十一	29 十二	30 十三
31 十四	1 元旦	2 十六	3 十七	4 十八	5 小寒	6 二十

大事件

12月工作日志

12 星期二 农历十月廿五

13 星期三 农历十月廿六

14 星期四 农历十月廿七

15 星期五 农历十月廿八

December

日	一	二	三	四	五	六
26 初九	27 初十	28 十一	29 十二	30 十三	1 十四	2 十五
3 十六	4 十七	5 十八	6 十九	7 大雪	8 廿一	9 廿二
10 廿三	11 廿四	12 廿五	13 廿六	14 廿七	15 廿八	16 廿九
17 三十	18 初一	19 初二	20 初三	21 初四	22 冬至	23 初六
24 初七	25 初八	26 初九	27 初十	28 十一	29 十二	30 十三
31 十四	1 元旦	2 十六	3 十七	4 十八	5 小寒	6 二十

大事件

12月工作日志

16 ● 星期六 ● 农历十月廿九

17 ● 星期日 ● 农历十月三十

18 ● 星期一 ● 农历十一月初一

19 ● 星期二 ● 农历十一月初二

December

日	一	二	三	四	五	六
26 初九	27 初十	28 十一	29 十二	30 十三	1 十四	2 十五
3 十六	4 十七	5 十八	6 十九	7 大雪	8 廿一	9 廿二
10 廿三	11 廿四	12 廿五	13 廿六	14 廿七	15 廿八	16 廿九
17 三十	18 初一	19 初二	20 初三	21 初四	22 冬至	23 初六
24 初七	25 初八	26 初九	27 初十	28 十一	29 十二	30 十三
31 十四	1 元旦	2 十六	3 十七	4 十八	5 小寒	6 二十

大事件

12月工作日志

20 — 星期三 — 农历十一月初三

21 — 星期四 — 农历十一月初四

22 — 星期五 — 农历十一月初五

23 — 星期六 — 农历十一月初六

December

日	一	二	三	四	五	六
26 初九	27 初十	28 十一	29 十二	30 十三	1 十四	2 十五
3 十六	4 十七	5 十八	6 十九	7 大雪	8 廿一	9 廿二
10 廿三	11 廿四	12 廿五	13 廿六	14 廿七	15 廿八	16 廿九
17 三十	18 初一	19 初二	20 初三	21 初四	22 冬至	23 初六
24 初七	25 初八	26 初九	27 初十	28 十一	29 十二	30 十三
31 十四	1 元旦	2 十六	3 十七	4 十八	5 小寒	6 二十

大事件

12月工作日志

24 • 星期日 • 农历十一月初七

25 • 星期一 • 农历十一月初八

26 • 星期二 • 农历十一月初九

27 • 星期三 • 农历十一月初十

December

日	一	二	三	四	五	六
26 初九	27 初十	28 十一	29 十二	30 十三	1 十四	2 十五
3 十六	4 十七	5 十八	6 十九	7 大雪	8 廿一	9 廿二
10 廿三	11 廿四	12 廿五	13 廿六	14 廿七	15 廿八	16 廿九
17 三十	18 初一	19 初二	20 初三	21 初四	22 冬至	23 初六
24 初七	25 初八	26 初九	27 初十	28 十一	29 十二	30 十三
31 十四	1 元旦	2 十六	3 十七	4 十八	5 小寒	6 二十

大事件

12月工作日志

28 — 星期四 — 农历十一月十一

29 — 星期五 — 农历十一月十二

30 — 星期六 — 农历十一月十三

31 — 星期日 — 农历十一月十四

December

日	一	二	三	四	五	六
26 初九	27 初十	28 十一	29 十二	30 十三	1 十四	2 十五
3 十六	4 十七	5 十八	6 十九	7 大雪	8 廿一	9 廿二
10 廿三	11 廿四	12 廿五	13 廿六	14 十七	15 廿八	16 廿九
17 三十	18 初一	19 初二	20 初三	21 初四	22 冬至	23 初六
24 初七	25 初八	26 初九	27 初十	28 十一	29 十二	30 十三
31 十四	1 元旦	2 十六	3 十七	4 十八	5 小寒	6 二十

大事件

农历戊戌年[狗年]
2018

January
日	一	二	三	四	五	六
	1 元旦	2 十六	3 十七	4 十八	5 小寒	6 二十
7 廿一	8 廿二	9 廿三	10 廿四	11 廿五	12 廿六	13 廿七
14 廿八	15 廿九	16 三十	17 初一	18 初二	19 初三	20 大寒
21 初五	22 初六	23 初七	24 初八	25 初九	26 初十	27 十一
28 十二	29 十三	30 十四	31 十五			

February
日	一	二	三	四	五	六
				1 十六	2 湿地日	3 十八
4 立春	5 二十	6 廿一	7 廿二	8 廿三	9 廿四	10 廿五
11 廿六	12 廿七	13 廿八	14 情人节	15 除夕	16 春节	17 初二
18 初三	19 雨水	20 初五	21 初六	22 初七	23 初八	24 初九
25 初十	26 十一	27 十二	28 十三			

March
日	一	二	三	四	五	六
				1 十四	2 元宵节	3 十六
4 十七	5 惊蛰	6 十九	7 二十	8 妇女节	9 廿二	10 廿三
11 廿四	12 植树节	13 廿六	14 廿七	15 廿八	16 廿九	17 三十
18 龙头节	19 初三	20 初四	21 春分	22 初六	23 初七	24 初八
25 初九	26 初十	27 十一	28 十二	29 十三	30 十四	31 十五

April
日	一	二	三	四	五	六
1 愚人节	2 十七	3 十八	4 十九	5 清明	6 廿一	7 廿二
8 廿三	9 廿四	10 廿五	11 廿六	12 廿七	13 廿八	14 廿九
15 三十	16 初一	17 初二	18 初三	19 初四	20 谷雨	21 初六
22 初七	23 初八	24 初九	25 初十	26 十一	27 十二	28 十三
29 十四	30 十五					

May
日	一	二	三	四	五	六
		1 劳动节	2 十七	3 十八	4 青年节	5 立夏
6 廿一	7 廿二	8 廿三	9 廿四	10 廿五	11 廿六	12 廿七
13 母亲节	14 廿九	15 初一	16 初二	17 初三	18 初四	19 初五
20 初六	21 小满	22 初八	23 初九	24 初十	25 十一	26 十二
27 十三	28 十四	29 十五	30 十六	31 十七		

June
日	一	二	三	四	五	六
					1 儿童节	2 十九
3 二十	4 廿一	5 廿二	6 芒种	7 廿四	8 廿五	9 廿六
10 廿七	11 廿八	12 廿九	13 三十	14 初一	15 初二	16 初三
17 父亲节	18 端午节	19 初六	20 初七	21 夏至	22 初九	23 初十
24 十一	25 十二	26 十三	27 十四	28 十五	29 十六	30 十七

July
日	一	二	三	四	五	六
1 建党节	2 十九	3 二十	4 廿一	5 廿二	6 廿三	7 小暑
8 廿五	9 廿六	10 廿七	11 廿八	12 廿九	13 初一	14 初二
15 初三	16 初四	17 初五	18 初六	19 初七	20 初八	21 初九
22 初十	23 大暑	24 十二	25 十三	26 十四	27 十五	28 十六
29 十七	30 十八	31 十九				

August
日	一	二	三	四	五	六
			1 建军节	2 廿一	3 廿二	4 廿三
5 廿四	6 廿五	7 立秋	8 廿七	9 廿八	10 廿九	11 三十
12 初一	13 初二	14 初三	15 初四	16 初五	17 七夕节	18 初七
19 初八	20 初九	21 初十	22 十一	23 处暑	24 十四	25 十五
26 十六	27 十七	28 十八	29 十九	30 二十	31 廿一	

September
日	一	二	三	四	五	六
						1 廿二
2 廿三	3 廿四	4 廿五	5 廿六	6 廿七	7 廿八	8 白露
9 三十	10 教师节	11 初二	12 初三	13 初四	14 初五	15 初六
16 初七	17 初八	18 初九	19 初十	20 十一	21 十二	22 十三
23 秋分	24 中秋节	25 十六	26 十七	27 十八	28 十九	29 二十
30 廿一						

October
日	一	二	三	四	五	六
	1 国庆节	2 廿三	3 廿四	4 廿五	5 廿六	6 廿七
7 廿八	8 寒露	9 初一	10 初二	11 初三	12 初四	13 初五
14 初六	15 初七	16 初八	17 重阳节	18 初十	19 十一	20 十二
21 十三	22 十四	23 霜降	24 十六	25 十七	26 十八	27 十九
28 二十	29 廿一	30 廿二	31 廿三			

November
日	一	二	三	四	五	六
				1 廿四	2 廿五	3 廿六
4 廿七	5 廿八	6 廿九	7 立冬	8 初一	9 初二	10 初三
11 初四	12 初五	13 初六	14 初七	15 初八	16 初九	17 初十
18 十一	19 十二	20 十三	21 十四	22 小雪	23 十六	24 十七
25 十八	26 十九	27 二十	28 廿一	29 廿二	30 廿三	

December
日	一	二	三	四	五	六
						1 廿四
2 廿五	3 廿六	4 廿七	5 廿八	6 廿九	7 大雪	8 初二
9 初三	10 初四	11 初五	12 初六	13 初七	14 初八	15 初九
16 初十	17 十一	18 十二	19 十三	20 十四	21 十五	22 冬至
23 十七	24 十八	25 十九	26 二十	27 廿一	28 廿二	29 廿三
30 廿四	31 廿五